U0058228

MUG CAKES SALÉS

爆漿蛋糕與軟心蛋糕加熱2分鐘Okay！

5分鐘馬克杯鹹蛋糕

Lene Knudsen 琳恩·克努森 著

Akiko Ida 亞基可·伊達 攝影

出版菊

Sommaire 目錄

La fabrique à mug cakes
製作馬克杯蛋糕

馬克杯鹹蛋糕介於鹹馬芬（muffin salé）和鹹蛋糕（cake salé）之間。可用湯匙、切片或直接用手享用，甚至是塗上奶油或法式鮮乳酪等方式品嚐。趁熱或放涼都非常美味。以下是一些讓您每一次製作，都能成功上手的建議。

PRÉPARATION EXPRESS
快速的準備

所有的份量都以湯匙計算，更方便準備食材，而不需另外秤量。也就是說，大匙（湯匙）和小匙（咖啡匙）的尺寸會因樣式而大不相同。因此，本食譜中的配方請參考以下的相對等量：

- 1大平匙的低筋麵粉＝8克
- 1大匙的橄欖油＝7克
- 1大平匙的法式鮮奶油（crème fraîche）*＝9克
- 1小平匙的泡打粉（levure chimique）＝2-3克
- 1大撮（刀尖）的鹽＝1克
- 1小撮黑胡椒＝約0.5克（用來提味）
- 1顆蛋＝選擇中等大小，約55克的蛋（最好選擇有機蛋）

＊編註：法式鮮奶油（crème fraîche）以鮮奶油天然的乳酸菌微微發酵而成。質地濃稠且微酸，乳脂肪含量為30–45%，pH值約4.5。可用優格或液狀鮮奶油替代。

LES MUGS 馬克杯

標準馬克杯的容量為310毫升。

若要製作超出杯緣的超膨鬆馬克杯蛋糕，請優先選擇小的馬克杯（275毫升）。

各種大小的馬克杯都可以使用本書的配方。

CUISSON：LA MAÎTRISE DU MICRO-ONDES
烘焙加熱：微波爐的掌控

烘焙的時間：為了獲得完美的結果，請視情況減少或增加微波加熱的時間。每台微波爐標示的功率，會隨著機器的不同而有所變化。

理想的質地：馬克杯蛋糕的烘焙在微波爐外仍持續進行。若烘烤過後蛋糕表面仍有點軟，請不必擔心：蛋糕會在不久之後變得較乾較硬。

適當的馬克杯：只能使用適用於微波爐的馬克杯，最好有握柄（因為出爐時會很燙）。絕不能使用金屬、帶有金屬鑲邊、PVC材質、不耐高溫的杯子（請確認後再使用）。

ASTUCES 訣竅

想製作超膨鬆的馬克杯蛋糕：請減少加入麵糊的食材數量，並將食材切成小塊。過大的食材可能會影響麵糊膨脹的效果。

製作更美味的馬克杯蛋糕：烘烤過後請在表面加上餡料。

若想製作出超級爆漿的馬克杯蛋糕：烘烤過後在表面加上些許起司，然後再將馬克杯蛋糕額外微波30秒。

La recette pas à pas
依配方步驟圖解

1. 將蛋打在馬克杯裡。

2. 加入橄欖油、1大撮鹽和1撮黑胡椒。用叉子攪拌。

3. 混入法式鮮奶油。

4. 加入麵粉和泡打粉，攪拌至顏色變淡而且沒有結塊。

5. 混入重點食材(蔬菜、起司、肉)。攪拌均勻。

6. 亦可在表面加料作為裝飾。

7. 最多微波1分20秒
叮！完成！

mug cake tapenade
& ciboulette
普羅旺斯橄欖馬克杯蛋糕

INGRÉDIENTS 材料

雞蛋1顆

黑胡椒1撮

橄欖油2大匙

橄欖醬(tapenade黑或綠皆可)*
　2大平匙

法式鮮奶油1大匙

低筋麵粉5大平匙

泡打粉⅔小匙

切碎的細香蔥2大平匙

切成小塊的櫻桃番茄1顆

在馬克杯中： 陸續放入蛋、黑胡椒、橄欖油、法式鮮奶油、橄欖醬、麵粉、泡打粉、細香蔥和櫻桃番茄，一邊攪拌均勻。

在表面撒上些許細香蔥碎作為裝飾。

微波1分20秒(功率800W)。

＊編註：橄欖醬(tapenade)將橄欖去籽後與蒜、酸豆、鯷魚、橄欖油一起混合攪打成濃稠的醬。使用綠橄欖或黑橄欖皆有。

mug cake
pesto-parmesan
帕馬森青醬馬克杯蛋糕

INGRÉDIENTS 材料

雞蛋 1 顆

鹽 1 撮

黑胡椒 1 撮

橄欖油 2 大匙

法式鮮奶油 ½ 大匙

青醬(pesto) 1 大平匙

帕馬森起司絲(parmesan râpé) 滿滿 1½ 大匙

低筋麵粉 5 大平匙

泡打粉 ⅔ 小匙

在馬克杯中： 陸續放入蛋、鹽、黑胡椒、橄欖油、青醬、法式鮮奶油、麵粉、泡打粉和帕馬森起司絲，一邊攪拌均勻。

用刀尖將青醬(份量外)在麵糊上方畫成螺旋狀作為裝飾。再額外撒上一些帕馬森起司。

微波 1 分 20 秒(功率 800W)。

1 個馬克杯 − 5 分鐘 − 功率 800W

8 - tapenade, pesto & co

1個馬克杯－5分鐘－功率800W

mug cake pesto rosso
& basilic
義式番茄馬克杯蛋糕

INGRÉDIENTS 材料

雞蛋1顆

鹽1撮和黑胡椒1撮

橄欖油2大匙

法式鮮奶油1大平匙

義式番茄羅勒醬(pesto rosso)*
　　1½大平匙

約略切碎的羅勒(basilic)1大平匙

低筋麵粉5大平匙

泡打粉⅔小匙

在馬克杯中： 陸續放入蛋、鹽、黑胡椒、橄欖油、法式鮮奶油、義式番茄羅勒醬、麵粉、泡打粉和約略切碎的羅勒，一邊攪拌均勻。

在表面撒上些許切碎的羅勒葉作為裝飾。

微波1分20秒(功率800W)。

微波後立即在馬克杯蛋糕表面，加上些許額外的法式鮮奶油和義式番茄羅勒醬。

＊編註：義式番茄羅勒醬(pesto rosso)以番茄為主，羅勒為輔，加入堅果、帕馬森起司、橄欖油、鹽與胡椒一起混合攪打成濃稠的醬。

mug cake
cheddar
切達起司馬克杯蛋糕

INGRÉDIENTS 材料

雞蛋 1 顆

鹽 1 撮和黑胡椒 1 撮

橄欖油 3 大匙

法式鮮奶油 1 大匙

低筋麵粉 5½ 大平匙

泡打粉 ⅔ 小匙

切成細碎的細香蔥滿滿

　1½ 大匙

切達起司絲(cheddar râpé)

滿滿 2 大匙

在馬克杯中: 陸續放入蛋、鹽、黑胡椒、橄欖油、法式鮮奶油、麵粉、泡打粉、細香蔥碎和切達起司絲,一邊攪拌均勻。

用些許額外的切達起司絲和細香蔥碎作為裝飾。

微波 1 分 20 秒(功率 800W)。

1 個馬克杯－5 分鐘－功率 800W

12 - *fromage*

mug cake feta
pignon & zeste de citron
菲塔馬克杯蛋糕　佐松子 & 檸檬皮

INGRÉDIENTS 材料

雞蛋 1 顆

鹽 1 撮和黑胡椒 1 撮

橄欖油 3 大匙

低筋麵粉 5 大平匙

泡打粉 ⅔ 小匙

弄碎的菲塔起司（feta émiettée）
1½ 大平匙

約略切碎的松子滿滿 1½ 大匙

有機檸檬皮 1 大平匙

在馬克杯中： 陸續放入蛋、鹽和黑胡椒、橄欖油、麵粉、泡打粉、弄碎的菲塔起司、松子碎和檸檬皮，一邊攪拌均勻。

額外用些許的菲塔起司和檸檬皮作為裝飾。

微波 1 分 20 秒（功率 800W）。

微波後可再立即撒上一些額外的松子。

mug cake au chèvre
& tomate cerise
山羊起司馬克杯蛋糕 & 櫻桃番茄

INGRÉDIENTS 材料

雞蛋 1 顆

鹽 1 撮和黑胡椒 1 撮

橄欖油 3 大匙

法式鮮奶油 1 大匙

低筋麵粉 6 大平匙

泡打粉 ⅔ 小匙

切丁的山羊起司（木柴形）2 大匙

切成小丁的櫻桃番茄 2 顆

切成小丁的番茄乾 1 瓣

乾燥的百里香 ½ 小平匙

在馬克杯中： 陸續放入蛋、鹽、黑胡椒、橄欖油、法式鮮奶油、麵粉、泡打粉、起司丁、櫻桃番茄丁、番茄乾丁和百里香，一邊攪拌均勻。

微波 1 分 20 秒（功率 800W）。

微波後立即撒上些許額外的起司，可讓馬克杯蛋糕更加美味。

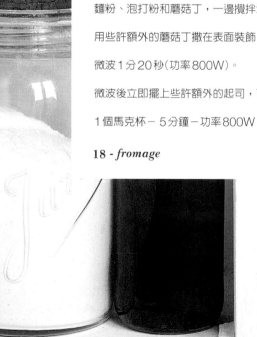

mug cake
La Vache qui rit®

笑牛起司馬克杯蛋糕

INGRÉDIENTS 材料

雞蛋1顆
鹽1撮和黑胡椒1撮
橄欖油3大匙
笑牛牌起司(La Vache qui
　　rit®)2塊

低筋麵粉6大平匙
泡打粉⅔小匙
切成小丁的巴黎蘑菇
　（champignons de Paris）
　2小朵

在馬克杯中：陸續放入蛋、鹽和黑胡椒、橄欖油、笑牛牌起司、麵粉、泡打粉和蘑菇丁，一邊攪拌均勻。

用些許額外的蘑菇丁撒在表面裝飾。

微波1分20秒(功率800W)。

微波後立即擺上些許額外的起司，可讓馬克杯蛋糕更加美味。

1個馬克杯－5分鐘－功率800W

18 - *fromage*

mug cake fromage frais
coulis de tomate & olives noires
法式鮮乳酪馬克杯蛋糕 佐番茄庫利＆黑橄欖

INGRÉDIENTS 材料

雞蛋1顆

鹽1撮和黑胡椒1撮

橄欖油2大匙

法式鮮乳酪(fromage frais)
　(Philadelphia®牌)2大匙

番茄庫利(coulis de tomate)*
　2大匙

紅椒粉(piment doux)1撮

切成小丁的黑橄欖3顆

低筋麵粉6大平匙

泡打粉⅔小匙

在馬克杯中： 陸續放入蛋、鹽和黑胡椒、橄欖油、法式鮮乳酪、番茄庫利、麵粉、泡打粉、黑橄欖丁和紅椒粉，一邊攪拌均勻。

額外用一些法式鮮乳酪和幾滴番茄庫利，在麵糊表面裝飾。

微波1分20秒(功率800W)。

微波過後立即在表面舀上一些額外的法式鮮乳酪，讓法式鮮乳酪在表層融化，可讓馬克杯蛋糕更加美味。

＊編註：番茄庫利(coulis de tomate)美式說法為番茄泥。將成熟番茄去皮及籽後打成泥狀。

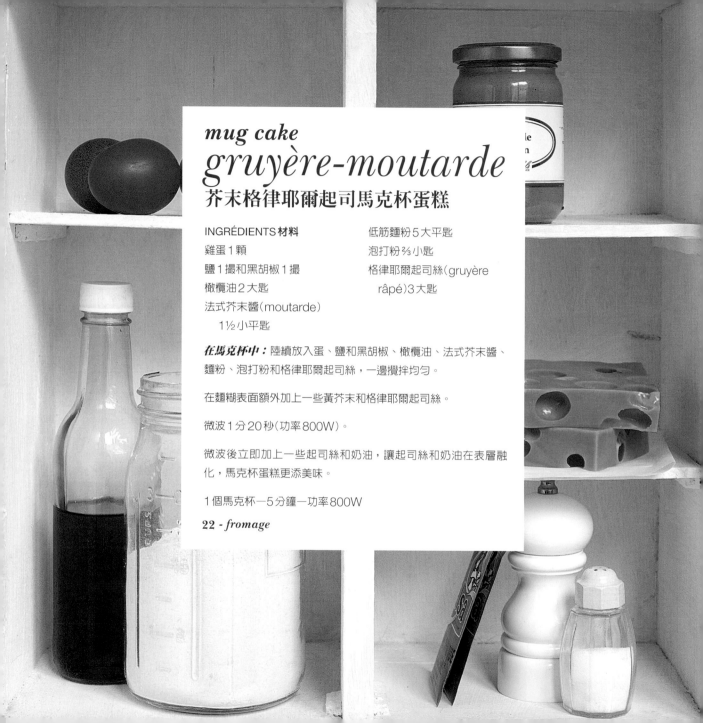

mug cake
gruyère-moutarde
芥末格律耶爾起司馬克杯蛋糕

INGRÉDIENTS 材料

雞蛋 1 顆
鹽 1 撮和黑胡椒 1 撮
橄欖油 2 大匙
法式芥末醬(moutarde)
　1½ 小平匙

低筋麵粉 5 大平匙
泡打粉 ⅔ 小匙
格律耶爾起司絲(gruyère
　râpé)3 大匙

在馬克杯中：陸續放入蛋、鹽和黑胡椒、橄欖油、法式芥末醬、麵粉、泡打粉和格律耶爾起司絲，一邊攪拌均勻。

在麵糊表面額外加上一些黃芥末和格律耶爾起司絲。

微波 1 分 20 秒(功率 800W)。

微波後立即加上一些起司絲和奶油，讓起司絲和奶油在表層融化，馬克杯蛋糕更添美味。

1 個馬克杯—5 分鐘—功率 800W

mug cake parmesan
roquette & huile d'olive
帕馬森馬克杯蛋糕 佐芝麻葉 & 橄欖油

INGRÉDIENTS 材料

雞蛋1顆

鹽1撮和黑胡椒1撮

橄欖油3大匙

法式鮮奶油1大平匙

低筋麵粉5大平匙

泡打粉⅔小匙

帕馬森起司絲(parmesan râpé)
　滿滿1大匙

切成細碎的芝麻葉(roquette)
　滿滿2大匙

在馬克杯中：陸續放入蛋、鹽、黑胡椒、橄欖油、法式鮮奶油、麵粉、泡打粉、帕馬森起司絲和芝麻葉碎，一邊攪拌均勻。

微波1分20秒(功率800W)。

微波後立即刨上一些帕馬森起司，讓起司在上面融化，並加上一些芝麻葉碎，讓馬克杯蛋糕更美味。

mug cake
camembert
卡門貝爾馬克杯蛋糕

INGRÉDIENTS 材料

雞蛋 1 顆

鹽 1 撮和黑胡椒 1 撮

橄欖油 2 大匙

淡味蜂蜜 1 小匙

低筋麵粉 5 大平匙

泡打粉 ⅔ 小匙

不甜的蘋果酒 (cidre brut)　2 大匙

切成小丁的蘋果 1 大匙

切成小丁的卡門貝爾起司 (ca-membert) 1½ 大匙

迷迭香 ½ 小匙

在馬克杯中： 陸續放入蛋、鹽和黑胡椒、橄欖油、蜂蜜、麵粉、泡打粉、蘋果酒、蘋果丁、卡門貝爾起司丁和迷迭香，一邊攪拌均勻。

表面撒上一些額外的蘋果丁，作為裝飾。

微波 1 分 20 秒（功率 800W）。

微波後立即撒上一些額外的起司丁，然後再微波 30 秒，可讓馬克杯蛋糕更具爆漿效果。

1 個馬克杯—5 分鐘—功率 800W

mug cake au jambon
yaourt & moutarde verte
火腿馬克杯蛋糕 佐優格 & 香草芥末

INGRÉDIENTS 材料

雞蛋1顆

鹽1撮和黑胡椒1撮

橄欖油3大匙

優格1大平匙

低筋麵粉5大平匙

泡打粉⅔小匙

熟火腿丁（jambon blanc）2大匙

香草芥末醬（moutarde verte aux
　　fines herbes）* 1½小匙

在馬克杯中：陸續放入蛋、鹽、黑胡椒、橄欖油、優格、香草芥末醬、麵粉、泡打粉和火腿丁，一邊攪拌均勻。

在麵糊表面額外加上一些火腿丁，以及些許的香草芥末醬。

微波1分20秒（功率800W）。

微波後立即加上一些額外的火腿丁，並放上一小塊奶油，讓奶油在表層融化。

＊編註：香草芥末醬是指芥末醬中混合了切碎的綜合香草。

mug cake poulet
tomates séchées

雞肉馬克杯蛋糕 佐番茄乾

INGRÉDIENTS 材料

雞蛋1顆

鹽1撮和黑胡椒1撮

橄欖油3大匙

法式鮮奶油1大平匙

低筋麵粉5大平匙

泡打粉⅔小匙

切成小丁的熟雞肉(poulet cuit)
　　2大匙

切成小丁的番茄乾(tomates
　　séchées)2片

普羅旺斯香料(herbes de
　　Provence)* ½小匙

在馬克杯中：陸續放入蛋、鹽、黑胡椒、橄欖油、法式鮮奶油、麵粉、泡打粉、熟雞肉丁、番茄乾和普羅旺斯香料，一邊攪拌均勻。

用額外的雞肉丁、些許番茄乾和普羅旺斯香料在麵糊表面裝飾。

微波1分20秒(功率800W)。

微波後立即放上一些額外切成小丁的番茄乾。

＊編註：普羅旺斯香料是指乾燥的綜合香料，包括：香薄荷savory、馬鬱蘭marjoram、迷迭香rosemary、百里香thyme、奧勒岡oregano...有些還會加入薰衣草葉。

mug cake lardons
& tomate cerise
培根馬克杯蛋糕 & 櫻桃番茄

INGRÉDIENTS 材料

雞蛋1顆

鹽1撮和黑胡椒1撮

橄欖油3大匙

法式鮮奶油1大匙

低筋麵粉5大平匙

泡打粉⅔小匙

煙燻培根丁(lardons fumés)
　　略滿的4大匙

切小塊的櫻桃番茄1顆

將所有的煙燻培根丁放入碗中，蓋上保鮮膜，微波1分30秒(功率800W)。

在馬克杯中：陸續放入蛋、鹽、黑胡椒、橄欖油、法式鮮奶油、麵粉、泡打粉、培根丁和櫻桃番茄塊，一邊攪拌均勻。

微波1分20秒(功率800W)。

微波後立即放上一些額外的法式鮮奶油、些許培根丁和櫻桃番茄，可讓馬克杯蛋糕更添美味。

mug cake
chorizo
西班牙辣香腸馬克杯蛋糕

INGRÉDIENTS 材料

雞蛋 1 顆

鹽 1 撮和黑胡椒 1 撮

橄欖油 3 大匙

白起司(fromage blanc)
　 1 大匙

低筋麵粉 5 大平匙

泡打粉 ⅔ 小匙

西班牙辣香腸(chorizo)2 片
　 (圓形厚片切成迷你小丁)

切丁的紅甜椒(poivron
　 rouge)滿滿 2 大匙

在馬克杯中： 陸續放入蛋、鹽、黑胡椒、橄欖油、白起司、麵粉、泡打粉、西班牙辣香腸丁和甜椒丁，一邊攪拌均勻。

用些許額外的西班牙辣香腸丁和甜椒丁進行裝飾。

微波 1 分 20 秒(功率 800W)。

微波後立即放上一些白起司和一片西班牙辣香腸，可讓馬克杯蛋糕風味更棒。

1 個馬克杯 – 5 分鐘 – 功率 800W

34 - viande

mug cake jambon cru
olives & fromage
生火腿馬克杯蛋糕 佐橄欖 & 起司

INGRÉDIENTS 材料

雞蛋 1 顆

鹽 1 撮和黑胡椒 1 撮

橄欖油 3 大匙

法式鮮奶油 1 大匙

低筋麵粉 5 大平匙

泡打粉 ⅔ 小匙

切成小丁的生火腿 (jambon cru)
　2 片

切碎綠橄欖 2 顆

艾蒙達起司絲 (emmental râpé)
　2 大匙

在馬克杯中： 陸續放入蛋、鹽、黑胡椒、橄欖油、法式鮮奶油、麵粉、泡打粉、生火腿丁、橄欖碎和艾蒙達起司絲，一邊攪拌均勻。

額外用些許的生火腿丁、橄欖碎和起司絲，撒在麵糊表面裝飾。

微波 1 分 20 秒 (功率 800W)。出爐後放上小片的生火腿。

1個馬克杯－5分鐘－功率800W

mug cake sardine-olive
oignon & romarin
沙丁橄欖馬克杯蛋糕 佐洋蔥 & 迷迭香

INGRÉDIENTS 材料

雞蛋 1 顆

鹽 1 撮和黑胡椒 1 撮

橄欖油 3 大匙

法式鮮奶油 1 大匙

低筋麵粉 5 大平匙

泡打粉 ⅔ 小匙

罐頭沙丁魚(sardine) 1 片(剝成小塊)

切成細碎的洋蔥 1 大平匙

切碎的黑橄欖 4 顆

迷迭香 ½ 小匙

在馬克杯中： 陸續放入蛋、鹽、黑胡椒、橄欖油、法式鮮奶油、麵粉、泡打粉、沙丁魚塊、洋蔥碎、橄欖碎和迷迭香，一邊攪拌均勻。

在麵糊表面額外加上 1 撮迷迭香。

微波 1 分 10 秒(功率 800W)。

微波後可立即加上一些額外的沙丁魚塊、橄欖碎和迷迭香。

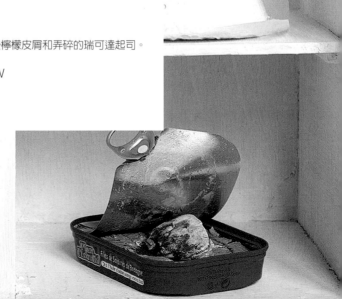

mug cake
sardine-ricotta
沙丁瑞可達馬克杯蛋糕

INGRÉDIENTS 材料

雞蛋 1 顆

鹽 1 撮和黑胡椒 1 撮

橄欖油 3 大匙

瑞可達起司（ricotta）1 大匙

咖哩粉（curry）1 小平匙

低筋麵粉 5 大平匙

泡打粉 ⅔ 小匙

檸檬皮屑 ½ 小匙

罐頭沙丁魚（sardine）1 片

（剝成小塊）

在馬克杯中： 陸續放入蛋、鹽、黑胡椒、橄欖油、瑞可達起司、麵粉、泡打粉、咖哩粉、檸檬皮屑和沙丁魚塊，一邊攪拌均勻。

用些許額外的瑞可達起司放在麵糊表面裝飾。

微波 1 分 20 秒（功率 800W）。

微波後可立即放上沙丁魚塊、一些檸檬皮屑和弄碎的瑞可達起司。

1 個馬克杯－ 5 分鐘－功率 800W

40 - *poisson*

mug cake thon-tomate
aux olives
番茄鮪魚馬克杯蛋糕 佐橄欖

INGRÉDIENTS 材料

雞蛋 1 顆

鹽 1 撮和黑胡椒 1 撮

橄欖油 3 大匙

法式鮮奶油 1 大平匙

低筋麵粉 5 大平匙

泡打粉 ⅔ 小匙

油漬鮪魚(thon à l'huile)
　　2 大匙(剝成小塊)

切碎的番茄 1½ 大匙

切碎的綠橄欖 2 顆

紅椒粉(piment)1 撮

在馬克杯中：陸續放入蛋、鹽、黑胡椒、橄欖油、法式鮮奶油、麵粉、泡打粉、鮪魚塊、綠橄欖碎和紅椒粉，一邊攪拌均勻。

在麵糊表層加上一些額外的鮪魚塊、橄欖碎和紅椒粉。

微波 1 分 20 秒(功率 800W)。

微波後可立即再加上一些額外的番茄丁和橄欖碎增添風味。

mug cake
thon-coriandre
香菜鮪魚馬克杯蛋糕

INGRÉDIENTS 材料

雞蛋 1 顆

鹽 1 撮和黑胡椒 1 撮

橄欖油 3 大匙

法式鮮奶油 1 大匙

低筋麵粉 5 大平匙

泡打粉 ⅔ 小匙

油漬鮪魚 2 大匙（剝成小塊）

切成迷你小丁的馬鈴薯 1 大匙

哈里薩辣醬（harissa）* 1 刀尖

切碎的香菜 2 大匙

在馬克杯中：陸續放入蛋、鹽、黑胡椒、橄欖油、哈里薩辣醬、法式鮮奶油、麵粉、泡打粉、鮪魚塊、馬鈴薯丁和香菜碎，一邊攪拌均勻。

在拌好的麵糊表面額外加上些許的鮪魚塊、馬鈴薯丁和香菜碎。

微波 1 分 20 秒（功率 800W）。

微波後立即再撒上一些香菜碎。

1 個馬克杯 － 5 分鐘 － 功率 800W

*編註：哈里薩辣醬（harissa）以多種辣椒、蒜、香菜、香料混合製成。多為罐裝或管狀銷售。

44 - *poisson*

mug cake thon-St Môret®
citron & ciboulette
聖摩鮪魚馬克杯蛋糕 佐檸檬 & 細香蔥

INGRÉDIENTS 材料

雞蛋 1 顆

鹽 1 撮和黑胡椒 1 撮

橄欖油 3 大匙

低筋麵粉 5 大平匙

泡打粉 ⅔ 小匙

法式鮮乳酪(fromage frais 聖摩牌
　　St Môret®)2 大平匙

油漬鮪魚 2 大匙(剝成小塊)

檸檬汁 1 小匙

切成細碎的細香蔥 1 大匙

在馬克杯中：陸續放入蛋、鹽、黑
胡椒、橄欖油、法式鮮乳酪、麵
粉、泡打粉、鮪魚、檸檬汁和細香
蔥碎，一邊攪拌均勻。

在麵糊表面以額外的法式鮮乳酪小
丁進行裝飾。

微波 1 分 20 秒(功率 800W)。

微波後可立即再撒上一些額外的細
香蔥碎。

請搭配酪梨醬(crème d'avocat)
(見 70 頁)一起享用。

mug cake saumon fumé
fromage Kiri® & pomme verte
燻鮭魚馬克杯蛋糕 佐凱瑞起司 & 青蘋果

INGRÉDIENTS 材料

雞蛋 1 顆

鹽 1 撮和黑胡椒 1 撮

橄欖油 3 大匙

低筋麵粉 5 大平匙

泡打粉 ⅔ 小匙

法式鮮乳酪(fromage frais 凱瑞 Kiri® 牌) 1 塊

切成小丁的煙燻鮭魚(saumon fumé) 滿滿 2 大匙

切成小丁的青蘋果滿滿 1 大匙

在馬克杯中：陸續放入蛋、鹽、黑胡椒、橄欖油、法式鮮乳酪、麵粉、泡打粉、燻鮭魚丁和蘋果丁，一邊攪拌均勻。

麵糊表面用一些額外的蘋果丁和燻鮭魚丁進行裝飾。

微波 1 分 20 秒(功率 800W)。

微波後可立即再撒上一些額外青蘋果丁和燻鮭魚丁，增添風味。

mug cake feta-courgette
au sésame
芝麻菲塔櫛瓜馬克杯蛋糕

INGRÉDIENTS 材料

雞蛋 1 顆

鹽 1 撮和黑胡椒 1 撮

橄欖油 3 大匙

法式鮮奶油 1 大平匙

低筋麵粉 6 大平匙

泡打粉 ⅔ 小匙

弄碎的菲塔起司（feta）滿滿 3 大匙

櫛瓜絲（courgette râpée）滿滿
2½ 大匙

熟的白芝麻 ½ 小匙

在馬克杯中：陸續放入蛋、鹽、黑胡椒、橄欖油、法式鮮奶油、麵粉、泡打粉、弄碎的菲塔起司、櫛瓜絲和熟的白芝麻，一邊攪拌均勻。

以一些額外的櫛瓜絲、弄碎的菲塔起司和些許熟的白芝麻，在麵糊表面進行裝飾。

微波 1 分 20 秒（功率 800W）。

mug çake
poireau-maïs
韭蔥玉米馬克杯蛋糕

INGRÉDIENTS 材料

雞蛋1顆

鹽1撮和黑胡椒1撮

橄欖油3大匙

法式鮮奶油1大平匙

低筋麵粉6大平匙

泡打粉⅔小匙

切成細碎的韭蔥(poireau)
2大平匙

玉米粒滿滿2大匙

紅椒粉或卡宴辣椒粉(piment
Cayenne)(依個人喜好)
1撮

在馬克杯中:陸續放入蛋、鹽、黑胡椒、橄欖油、法式鮮奶油、麵粉、泡打粉、韭蔥碎、玉米粒和紅椒粉(或卡宴辣椒粉),一邊攪拌均勻。

可額外用一些韭蔥碎、玉米粒和紅椒粉(或卡宴辣椒粉),在麵糊表面裝飾。

微波1分20秒(功率800W)。

微波後,可立即再撒上一些韭蔥碎和紅椒粉。

1個馬克杯 − 5分鐘 − 功率800W

52 - *légumes*

1個馬克杯－5分鐘－功率800W

mug cake petits pois
petit-suisse & menthe
豌豆馬克杯蛋糕 佐小瑞士奶酪 & 薄荷

INGRÉDIENTS 材料

雞蛋 1 顆

鹽 1 撮和黑胡椒 1 撮

橄欖油 2 大匙

小瑞士奶酪(petit-suisse)* 2 大平匙

切碎的薄荷 1 大匙

低筋麵粉 5 大平匙

泡打粉 ⅔ 小匙

生的豌豆仁(petits pois crus)
　滿滿 2 大匙

在馬克杯中：陸續放入蛋、鹽、黑胡椒、橄欖油、小瑞士奶酪、麵粉、泡打粉、豌豆仁和薄荷碎，一邊攪拌均勻。

在麵糊表面加上一些額外的豌豆仁和些許的薄荷碎進行裝飾。

微波 1 分 20 秒(功率 800W)。

微波後可再立即撒上一些薄荷碎。

＊編註：小瑞士奶酪(petit-suisse)是法國諾曼地(Normandy)所產，以牛乳製成的一款新鮮乳酪，乳脂肪含 40%。

pumpkin
mug cake
南瓜馬克杯蛋糕

INGRÉDIENTS 材料

雞蛋 1 顆

鹽 1 撮

黑胡椒 1 撮

橄欖油 2 大匙

瑞可達起司（ricotta）2 大平匙

南瓜（泥狀或罐裝）2 大平匙

低筋麵粉 5½ 大平匙

泡打粉 ⅔ 小匙

切成細碎的鼠尾草（sauge）

　　或平葉巴西利 1 小匙

在馬克杯中： 陸續放入蛋、鹽、黑胡椒、橄欖油、瑞可達起司、南瓜泥、麵粉、泡打粉和鼠尾草碎，一邊攪拌均勻。

在麵糊表面加上一些額外的南瓜泥和瑞可達起司進行裝飾。

微波 1 分 20 秒（功率 800W）。

微波後可立即再撒上一些切碎的鼠尾草。

1 個馬克杯 − 5 分鐘 − 功率 800W

1個馬克杯－5分鐘－功率800W

mug cake champignon
échalote, persil & crème fraîche
蘑菇馬克杯蛋糕　佐紅蔥、巴西利 & 法式鮮奶油

INGRÉDIENTS 材料

雞蛋1顆

鹽1撮和黑胡椒1撮

橄欖油3大匙

法式鮮奶油1½大平匙

低筋麵粉6大平匙

泡打粉⅔小匙

切成細碎的紅蔥頭（échalote）
　1小平匙

切成小丁的蘑菇2朵

切成細碎的平葉巴西利（persil）
　滿滿1大匙

在馬克杯中：陸續放入蛋、鹽、黑胡椒、橄欖油、法式鮮奶油、麵粉、泡打粉、紅蔥頭碎、蘑菇丁和平葉巴西利碎，一邊攪拌均勻。

用一些額外的蘑菇薄片、些許紅蔥頭碎和巴西利碎，在麵糊表面進行裝飾。

微波1分20秒（功率800W）。

微波後可再立即撒上一些巴西利碎。

mug cake tomate-mozza
& origan
莫札番茄馬克杯蛋糕 佐奧勒岡

INGRÉDIENTS 材料

雞蛋1顆

鹽1撮和黑胡椒1撮

橄欖油2大匙

番茄糊2大平匙

低筋麵粉5大平匙

泡打粉⅔小匙

切碎的莫札瑞拉起司（mozzarella）
    滿滿1大匙

切碎的黑橄欖2顆

乾燥的奧勒岡（origan）½小匙

在馬克杯中：陸續放入蛋、鹽、黑胡椒、橄欖油、番茄糊、麵粉、泡打粉、莫札瑞拉起司碎、黑橄欖碎和奧勒岡，一邊攪拌均勻。

用一些額外的奧勒岡和幾滴番茄糊，在麵糊表面進行裝飾。

微波1分20秒（功率800W）。

微波後可立即再加上一些額外的莫札瑞拉起司、番茄糊和橄欖碎，然後再微波30秒，便能製作出極具軟滑香濃效果的馬克杯鹹蛋糕。

mug cake gaspacho
à la vodka
伏特加西班牙番茄冷湯馬克杯蛋糕

INGRÉDIENTS 材料

雞蛋1顆

鹽1撮和黑胡椒1撮

橄欖油3大匙

伏特加(vodka)2大匙

切成丁的番茄滿滿1大匙

切成小丁的紅椒½大匙

切成小丁的青椒½大匙

切碎的薄荷1大匙

切成細碎的紅洋蔥或紅蔥頭
　　（échalote)1小平匙

低筋麵粉6大平匙

泡打粉⅔小匙

在馬克杯中： 陸續放入蛋、鹽、黑胡椒、橄欖油、麵粉、泡打粉、伏特加、番茄丁、紅椒和青椒丁、洋蔥碎和薄荷碎，一邊攪拌均勻。

麵糊表面以一些額外切碎的薄荷和些許甜椒丁進行裝飾。

微波1分20秒(功率800W)。

微波後可立即再撒上一些番茄丁和甜椒丁。

mug cake mexicain
bière, citron vert & polenta
墨西哥馬克杯蛋糕 佐啤酒，青檸 & 義式玉米粥

INGRÉDIENTS 材料

雞蛋 1 顆

鹽 1 撮和黑胡椒 1 撮

橄欖油 2 大匙

墨西哥啤酒(bière mexicaine
可樂娜牌 Corona®)3 大匙

低筋麵粉 6 大平匙

粗粒玉米粉(polenta)1 大平匙

泡打粉⅔小匙

切碎的香菜 1 大匙

綠檸檬汁 1 小匙

在馬克杯中：陸續放入蛋、鹽、黑胡椒、橄欖油、麵粉、粗粒玉米粉、泡打粉、啤酒、切碎的香菜和綠檸檬汁，一邊攪拌均勻。

麵糊表面，額外用一些切碎的香菜進行裝飾。

微波 1 分 20 秒(功率 800W)。

微波後可立即再撒上一些切碎的香菜，和一小片青檸檬。

1個馬克杯－5分鐘－功率800W

mug cake sans gluten
poudre d'amandes & parmesan
無麩質馬克杯蛋糕　杏仁粉 & 帕馬森起司

INGRÉDIENTS 材料

雞蛋1顆

鹽1撮和黑胡椒1撮

橄欖油3大匙

泡打粉⅔小匙

杏仁粉7大平匙

帕馬森起司絲（parmesan râpé）

　　1大平匙

切成小丁的烤甜椒1½大匙

艾斯伯雷紅椒粉（piment

　　d'Espelette）1撮

切碎的細香蔥2大匙

在馬克杯中： 陸續放入蛋、鹽、黑胡椒、橄欖油、杏仁粉、泡打粉、烤甜椒丁、帕馬森起司絲、艾斯伯雷紅椒粉和細香蔥碎，一邊攪拌均勻。

微波1分20秒（功率800W）。

微波後可立即再撒上細香蔥碎和烤甜椒丁，並放上一些帕馬森起司絲，讓起司在上面融化，可讓馬克杯蛋糕更加美味。

banana mug cake
cacahuètes
香蕉馬克杯蛋糕 佐花生醬

INGRÉDIENTS 材料

雞蛋1顆

鹽1撮

橄欖油2大匙

充分成熟的香蕉泥3大平匙

花生醬2大平匙

低筋麵粉6大平匙

泡打粉⅔小匙

在馬克杯中：陸續放入蛋、鹽、橄欖油、香蕉泥、花生醬、麵粉和泡打粉，一邊攪拌均勻。

微波1分20秒（功率800W）。

微波後可立即再加上幾片香蕉和些許的花生醬，可讓馬克杯蛋糕更加的美味。

Toppings crémeux
表面餡料

為馬克杯鹹蛋糕塗抹或鋪上我們喜愛的食材：一些奶油、一塊榛果大小的法式鮮乳酪（fromage frais）、墨西哥酪梨醬（guacamole）...以下提供一些建議，讓您可為1~2人份的馬克杯鹹蛋糕更添美味。

CRÈME D'AVOCAT 酪梨醬
充分成熟的酪梨 ½ 顆
檸檬汁或青檸檬汁 1 大匙
濃縮鮮奶油（crème fraîche épaisse）3 大匙
鹽和黑胡椒各 1 撮

將酪梨切成幾大塊，然後用叉子壓碎。淋上檸檬汁，接著再加入濃縮鮮奶油、鹽和黑胡椒。充分混合成均勻的醬汁。

還可加進切碎的新鮮香草，例如和酪梨很搭的香菜或平葉巴西利（persil）。

CRÈME DE FETA 菲塔起司醬
菲塔起司（feta）2 大匙
濃縮鮮奶油（crème fraîche épaisse）3 大匙
鹽或黑胡椒 1 撮

在較深的盤子或碗中，將菲塔起司壓成泥並加以調味。加入濃縮鮮奶油，充分混合成均勻的醬汁。

SALSA TOMATES 番茄莎莎醬
整顆漂亮的番茄 1 顆
切成細碎的洋蔥 1 大平匙
切碎的平葉巴西利 1 大匙
鹽和黑胡椒各 1 撮
辣椒粉（piment）1 撮

將番茄切成很小的小丁。在碗中混合番茄、洋蔥碎和平葉巴西利碎。以鹽和黑胡椒、辣椒粉調味。

CRÈME DE BETTERAVE 甜菜醬
熟甜菜（betterave）½ 顆（真空調理包或自行烹調）
甜菜汁 1 大匙（從真空包裝中收集或使用自行烹調的湯汁）
濃縮鮮奶油（crème fraîche épaisse）3 大匙
切碎的細香蔥 1 大匙
鹽和黑胡椒各 1 撮

將甜菜細切成小丁。加入甜菜汁、鮮奶油、細香蔥，調整一下調味，然後充分混合成均勻的醬汁。

Remerciements 致謝

感謝總是逗我笑的Lou...
感謝Fred、Sabrina、Pauline、Karen & Vera，
他們全都是家庭自製馬克杯鹹蛋糕的開創烈士。
感謝Akiko拍攝的美麗照片和漂亮的呈現！
感謝Sabrina為風格設計所提供的協助和建議！
謝謝Benoît先生！
感謝Pauline & Rosemarie的支持和信賴，萬分感激。
感謝整個出版團隊讓此計畫成為可能！

Shopping 購物去

Fleux 39-52, rue Sainte-Croix de la Bretonnerie 75004 Paris
Merci 111, bd Beaumarchais 75003 Paris
Marimekko aux Galeries Lafayette Maison ou chez UP Utile et Pratique (14, rue Froissart 75003 Paris)
Habitat www.habitat.fr
Zara Home www.zarahome.com
Jansen+Co www.jansenco.nl

Joy Cooking

5分鐘馬克杯鹹蛋糕 Mug Cakes Salés！

作者　琳恩•克努森 Lene Knudsen

攝影　亞基可•伊達 Akiko Ida

翻譯　林惠敏

出版者 / 出版菊文化事業有限公司　P.C. Publishing Co.

發行人　趙天德

總編輯　車東蔚

文案編輯　編輯部　美術編輯　R.C. Work Shop

台北市雨聲街77號1樓

TEL：(02)2838-7996　　FAX：(02)2836-0028

法律顧問　劉陽明律師　名陽法律事務所

初版日期　2014年5月

定價　新台幣260元

ISBN-13，9789866210280　　書　號　J102

讀者專線　(02)2836-0069

www.ecook.com.tw

E-mail　service@ecook.com.tw

劃撥帳號　19260956 大境文化事業有限公司

Copyright © Hachette Livre (Marabout), Paris, 2013
Complex Chinese Edition arranged through Dakai Agency.
All rights reserved.
ISBN：978-2-501-09332-3

5分鐘馬克杯鹹蛋糕 Mug Cakes Salés！
琳恩•克努森　著 初版. 臺北市：出版菊文化，
2014[民103]　72面；19×19公分. ----(Joy Cooking系列；102)
ISBN-13：9789866210280　1.點心食譜　427.16　103007821

ISBN 9789866210280
定價：260元